四季告诉你的科学

春季野菜
的那些事

[韩] 朴美林 著 | [韩] 文钟仁 绘 | 锐拓 译

长春出版社
国家一级出版社
全国百佳图书出版单位

图书在版编目（CIP）数据

四季告诉你的科学．春季野菜的那些事／（韩）朴美林著；（韩）文钟仁绘；锐拓译．—— 长春：长春出版社，2021.12
ISBN 978-7-5445-6552-3

Ⅰ．①四… Ⅱ．①朴… ②文… ③锐… Ⅲ．①自然科学－儿童读物②植物－儿童读物 Ⅳ．① N49 ② Q94-49

中国版本图书馆 CIP 数据核字 (2021) 第 241554 号

吉图字 07-2021-0198 号

四季告诉你的科学·春季野菜的那些事

出 版 人：郑晓辉
著　　者：[韩]朴美林
绘　　者：[韩]文钟仁
译　　者：锐　拓
责任编辑：李玺楠
封面设计：赵　双

出版发行 长春出版社　　　　总编室电话：0431-88563443
　　　　　　　　　　　　　　发行部电话：0431-88561180
地　　址：吉林省长春市长春大街 309 号
邮　　编：130041
网　　址：www.cccbs.net
制　　版：若正文化
印　　刷：长春天行健印刷有限公司

开　　本：16 开
字　　数：11 千字
印　　张：2
版　　次：2021 年 12 月第 1 版
印　　次：2022 年 1 月第 1 次印刷
定　　价：20.00 元

朴美林

作品《没做作业的日子》入选《朝鲜日报》新春文艺评选，由此开始了文学活动。

在萨利姆出版社的公开征集活动中，其作品《盐工为什么举着牌子？》成功入选。

虽然获得了很多奖项，但她称自己最看重的奖项是小学评选的"优秀教师奖"。

朴老师说她虽然喜欢写作，但更喜欢学习自然知识。

她希望孩子们能不断地学习，与自然和谐共处，一起奔赴幸福的未来。

主要著作有：童书《夏季的菜园》《想知道的自然四季》，诗集《樱花的舌头》，

随笔集《梦想的白桦树》等。

目前在韩国首尔斋洞小学任教。

文钟仁

生活在韩国仁川的一名画家。

主要为讲述自然、生态和环境的图书绘图。

本书插图是用水彩和彩铅来完成的。

为完成图书绘本，找到插图资料，文老师养成了看着土地走路的习惯。

他希望小朋友们可以多多观察，并寻找那些有益于环境的野草和春季野菜。

主要绘画作品有:《夏季的菜园》《像苹果一样有硕大螯肢的清白招潮蟹》《白鹳》等。

春季的野菜有哪些呢？

春风轻轻地吹着。
我拉着爸爸妈妈的手，嘴里哼着歌，去山上挖野菜喽！
我们提着装有花铲和小镰刀的篮子，向山里走去。
山中鸟儿在歌唱，蝴蝶在飞舞，野菜散发着阵阵清香。
找野菜真是太有意思啦！

黄钩蛱蝶

羊乳

蕨菜

楤木芽

4

蹄叶橐吾

东北堇菜

荠菜

苦菜

蒲公英
山上和田野中经常能看到蒲公英。

只要阳光充足，蒲公英随处可见。
为了度过寒冷的冬天，蒲公英不得不紧贴着地面生长。
因为它们离地面越近，就越能躲避肆虐的寒风，
越能保护自己的根。
蒲公英的根深深地扎进土里，
即使叶子枯萎了，根部也会顽强地生存下去。
另外，为了多晒太阳，它们会把叶子最大限度地舒展开来，
它们看起来有点像蔷薇，又被称为"莲座状植物"。

泥胡菜　　　　　　　　　蒲公英

基生叶
蒲公英的基生叶紧
紧地贴着地面生长。

根
根的生命力很强，即使
折断几根侧根也依旧可
以生长、发芽。

像蒲公英一样越冬的莲座状植物
还有荠菜、苦菜、泥胡菜等。
在蒲公英长出花茎之前，我们可
以摘下它的嫩叶当菜吃。
它的根可以入药，我们还可以把
蒲公英花晒干，用温水泡茶喝。

荠菜

荠菜是有香味儿的野菜。

荠菜的味道好，营养价值也高，在春季野菜中首屈一指。
甚至有人说"经历过寒冬的荠菜比人参还要好"。
不同地方对荠菜的叫法也不一样，有"地米菜""地菜"
等叫法。
春天到了，荠菜的基生叶上就会长出茎来。
5月左右，白色的荠菜花开始自下而上绽放。
荠菜花是十字形的。
荠菜的近亲有开黄花的葶苈，还有叶子比荠菜厚、茎干很
粗的菥蓂。

葶苈

菥蓂

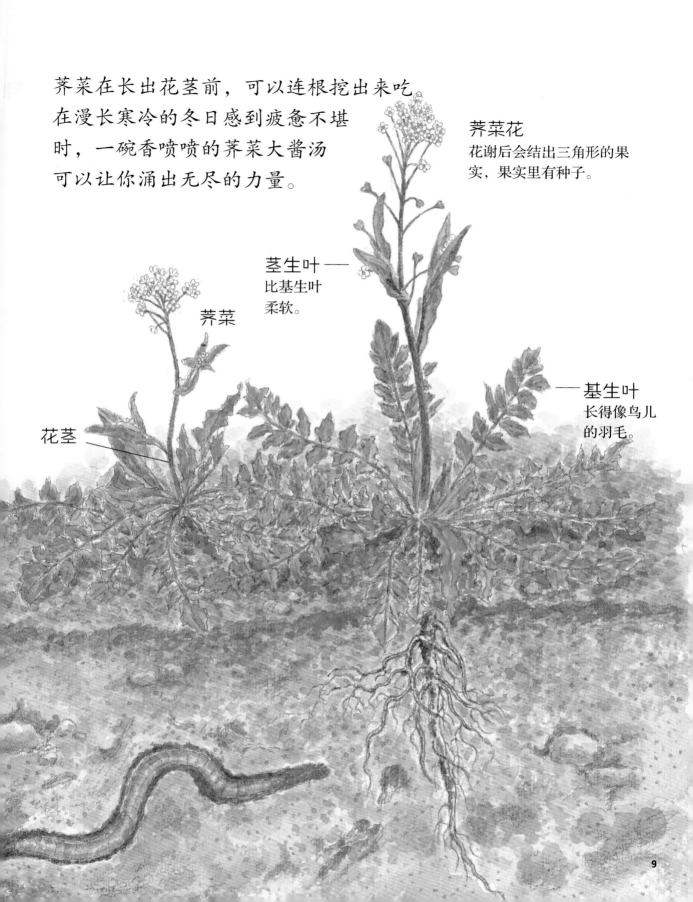

荠菜在长出花茎前，可以连根挖出来吃。在漫长寒冷的冬日感到疲惫不堪时，一碗香喷喷的荠菜大酱汤可以让你涌出无尽的力量。

荠菜花
花谢后会结出三角形的果实，果实里有种子。

茎生叶 ——
比基生叶柔软。

荠菜

花茎

—— 基生叶
长得像鸟儿的羽毛。

9

栓翅卫矛叶

栓翅卫矛叶顾名思义即栓翅卫矛的嫩叶。

卫矛树枝上的枝翅与箭的结构非常相似，前面是箭头(矛)后面是箭羽(卫)，因而得名"卫矛"。

一到早春，栓翅卫矛就会长出淡绿色的嫩叶。

这新长出的嫩叶就是可食用的卫矛叶。

栓翅卫矛生长在向阳的山坡上。

秋天的时候，栓翅卫矛叶和果实会被染成红色，非常漂亮，所以常被用来当成篱笆种植。

栓翅卫矛

栓翅卫矛篱笆

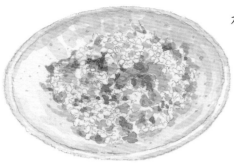

栓翅卫矛叶炒饭

栓翅卫矛有两到四列的宽阔木栓翅。这些栓翅使树干看起来比实际粗很多，能帮助它抵抗食草动物的袭击。早春时节，摘下淡绿色的嫩叶洗净，可以用来做饭吃。

栓翅卫矛叶不仅味道好，而且有益健康。

初夏时分，它的叶腋下会开出两三朵淡绿色的小花。花落了，果实就变红熟透了。

栓翅卫矛叶

宽阔木栓翅 ——

卫矛的宽阔木栓翅可以保护自己，抵抗食草动物的袭击。

—— 果实的外皮

果实变红熟透后，果皮会脱落，露出橘黄色的种子。

种子

11

车前草
车前草就算被踩过也能长得很好。

车前草一般生长在路边或田埂里。
它在生长过程中会不断与其他植物竞争，
就算被踩过也能长得很好。
因为它们生长在路边，所以古代的人们
迷路时，会跟着车前草走，
走着走着就能找到村庄。
因此，车前草又被称为"指路草"。

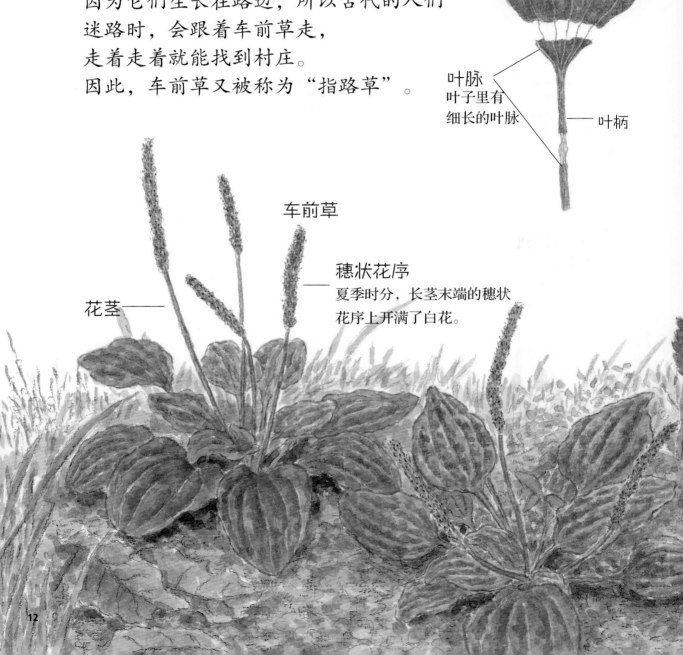

车前草
叶

叶脉
叶子里有
细长的叶脉

叶柄

车前草

穗状花序
夏季时分，长茎末端的穗状
花序上开满了白花。

花茎——

在车前草的叶和花茎中，
有像丝一样细但很坚韧的东西，叫作叶脉。
在玩具匮乏的年代，
孩子们就用这些叶脉做毽子、玩斗草游戏。
在花茎长出前，摘下叶子拌着吃，又嫩又甜，美味极了。

将车前草交叉拉
扯，看哪一方能
撑得久。

斗草游戏

垂盆草
垂盆草成群生长。

因为垂盆草在石缝中生长得很好，所以又称"石指甲"。
根据地方的不同，也叫"佛甲草"。
垂盆草在向阳的地方成群生长。
刚开始时长得笔直，然后渐渐地垂到
地上。它会在地面上长出新的根，
伸展茎干，继续生长，
好像要覆盖整个地面似的。

垂盆草

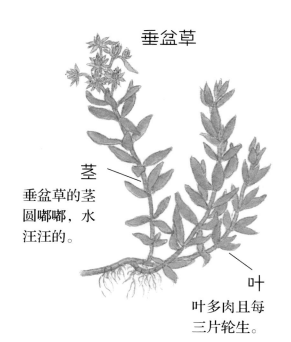

垂盆草

茎

垂盆草的茎
圆嘟嘟，水
汪汪的。

叶

叶多肉且每
三片轮生。

5月，茎尖上开满了黄色的花。
花瓣末端尖尖的，比花萼还长。
在垂盆草开花前，茎和叶可以做
成水泡菜，味道相当爽口。
苦菜、黄鹌菜、苦荬菜等野菜也
适合用来腌制泡菜。

问荆

黄鹌菜

苦荬菜

艾草
艾草的用途很多。

即便土质粗糙，艾草依然能
够长得很好。
而且它香味浓郁，用途很多，
深受祖辈们的喜爱。
如果仔细看艾草的叶子，会发现背面
长满了白色的毛。

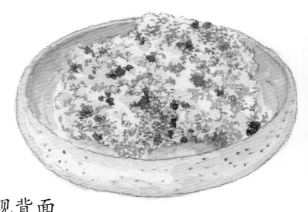

糯米艾蒿蒸糕

艾草很容易和大米粘在一起，所以做年糕时放些艾草，年
糕会变得黏黏的。
艾草在春天可以煮汤吃，也可以入药。
受伤时，贴上艾草，还可以止血。
点燃艾草，用艾热熏烤皮肤的治疗方法叫作艾灸。

艾灸时的景象

艾草常被点燃来熏蚊。
蚊烟是指夏季夜晚为了驱蚊而
在院子里把艾草和干稻草或草屑
一起烧所产生的烟，有驱蚊效果。
有的孩子会用蚊烟烤土豆吃，
有的会躺在旁边的草席上数星星。

点燃艾草熏蚊时的景象

艾草

东北堇菜

东北堇菜常在蚁巢附近生长。

春天，东北堇菜在阳光充足的地方很常见。
纤细的花梗末端开着可爱的紫色小花。
燕子归来时，东北堇菜会开花，所以也被叫作"燕子花"。因为个子矮，所以它也被叫作"紫花地丁"。
之所以在蚁巢附近生长，
是因为蚂蚁喜欢它种子中像果冻一样粘着的"蜜"。
蚂蚁把种子带回家后，只会把"蜜"吃掉，
然后就把种子扔出家门了。
多亏了蚂蚁，东北堇菜的种子才能传播到远处。
食用东北堇菜时，可以把花瓣和叶子一起摘下来拌着吃，
也可以把花瓣晒干，泡茶喝。

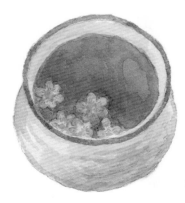

东北堇菜茶
夜晚失眠时喝比较好。

东北堇菜花

野菜是挖？还是摘？

对于养分集中在根部的野菜，
连根挖比采摘更好。
像野蒜、苦菜、蒲公英这类吃根
的野菜，都是要连根挖的。
轻轻抓住叶子，用花锹或锄头连着泥土
一起挖出，然后轻轻掸掉根部的泥土。
挖出野菜后，还要顾及到生活在地下
的其他生物，所以最好按照原先的样子
把土填回去。

掸掸野蒜上的土
挖野蒜时根很容易断，所以要
轻轻地挖。野蒜又叫作小根蒜。

野蒜

荠菜

一年蓬

因为不吃鹅肠菜、垂盆草的根，所以我们没有必要连根挖。

只要用手小心地摘下绿色的部分就可以了。如果把不需要的部位也一起拔了出来，不但收拾起来费时间，而且也很浪费。

艾草、一年蓬、车前草、东北堇菜都要用手摘。

鹅肠菜

用刀割野菜
只需要用刀割下我们需要的部位，不仅方便收拾，还可以减少对植物的伤害。

垂盆草

鹅肠菜

你能区分出毒草和可食用的野菜吗?

铃兰的名字好听,花也漂亮,但不能吃。
其实特别有光泽或艳丽的花、叶或果实,
都很可能有毒。
日本莨菪是不能食用的有毒植物。
有很多植物有着类似于野菜的名字但实为
毒草,比如驴蹄草。特别要注意的是,驴
蹄草与蹄叶橐吾长得很相似,所以要仔细
区分。
白屈菜有毒,不能随便吃。

铃兰

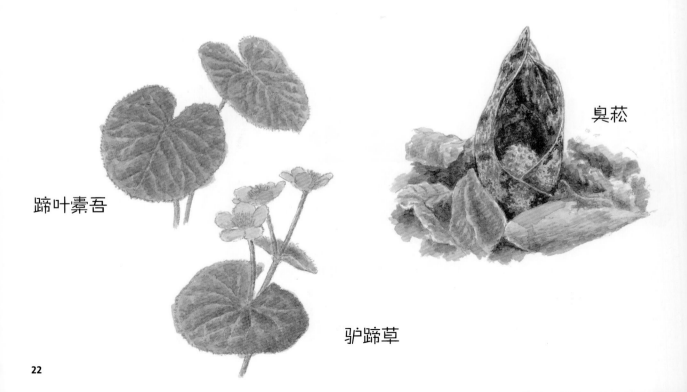

蹄叶橐吾

臭菘

驴蹄草

俗话说："是药三分毒"。

所以，凡事要适度。如果过量使用，即便是自带药性的植物最终也会成为毒药。

虽然虫子吃的大多数植物人也能吃，但也不全是如此。

另外，有的毒草即便刚接触到舌尖也会让人觉得刺痛，所以不能通过直接品尝的方法来区分野菜是否可以食用。

重要的是：只吃我们熟悉的野菜。

白屈菜

细辛

日本莨菪

挖野菜时，要遵守哪些规则呢？

世上所有的生命都是珍贵的。
即使是无名的野草，也是生活在
这片土地上的宝贵生命。
那么，挖野菜时我们应该遵守哪
些规则呢？

★怀着感恩的心。
★保护稀有植物。

"不要对野菜说谎，
即使面对的是小小的葶苈。
一边哼着歌一边挖茼芹，
春天一转眼就过去了。"

★不要贪心，需要多少挖多少。
★只摘能吃的部位。
★自然保护区内不能采摘和挖掘。

★有很多野菜时只挖最大的，
　挖完用土盖好。
★注意不要伤到其他生物。

请注意以下几点。
★不要摘生长在道路、下水道附近或可能被污染的地方的野草。
★要提前学习哪些草是有毒的。

四季告诉你的科学

"四季告诉你的科学"系列是专门为3～10岁儿童准备的绘本
让我们跟随春夏秋冬四季的自然变化，一起去探索大自然的神秘，
体会生命的价值吧！

枫叶变红的奥秘

为什么凉爽的秋天一到，绿油油的枫叶会被染成美
丽的红色？
这火红火红的枫叶背后究竟隐藏着怎样的自然科
学？
韩国学富五车编辑室 著｜[韩]郑有晶 绘｜锐拓 译

动物如何过冬

面颊鼓鼓的，嘴里塞满橡子的松鼠忙得不可开交。
冬日里寒风凛冽，大雪纷飞。在这么寒冷的冬天，
动物是如何生活的呢？
它们每天都被冻得瑟瑟发抖吗？还是藏在了什么温
暖的地方？
[韩] 韩永植 著｜[韩] 南盛勋 绘｜锐拓 译

植物如何过冬

寒风凛冽的冬天，大树一动不动地站着。虽然叶子
都早早地离开了，但它看起来好像也不冷。
是什么把大树裹得严严实实的不让它挨冻呢？
它穿了什么样的毛衣来温暖过冬呢？
[韩] 韩永植 著｜[韩] 南盛勋 绘｜锐拓 译

春季野菜
的那些事

小种子长大啦

通过芸豆的生长让我们来探究植物的一生。
一粒小种子是如何长成一株大大的植物的呢?
种子的成长,泥土、水、阳光必不可少。
一起去看看种子是如何破土发芽,开花结果的吧。

[韩] 韩永植 著|[韩] 南盛勋 绘|锐拓 译

夏季的菜园

夏天的菜园里到处都是可口的蔬菜。
有叶菜类、茎菜类、根菜类,多种多样。
让我们一起看看蔬菜是如何生长的吧!

[韩] 朴美林 著|[韩] 文钟仁 绘|锐拓 译

蜻蜓的秋季旅行

每一只蜻蜓都是优秀的飞行员。
秋天到了,天气渐渐凉爽,
蜻蜓们开始好奇外面的世界了。
忙碌的松鼠,采蜜的蜜蜂,捕猎的蜘蛛,演奏的草
螽……一段奇妙的秋季旅行就此开始。

[韩] 韩永植 著|[韩] 多呼 绘|锐拓 译

让我们为
不同种类的野菜涂上颜色吧!

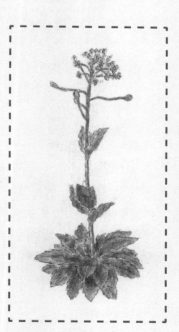

葶苈

薪蓂

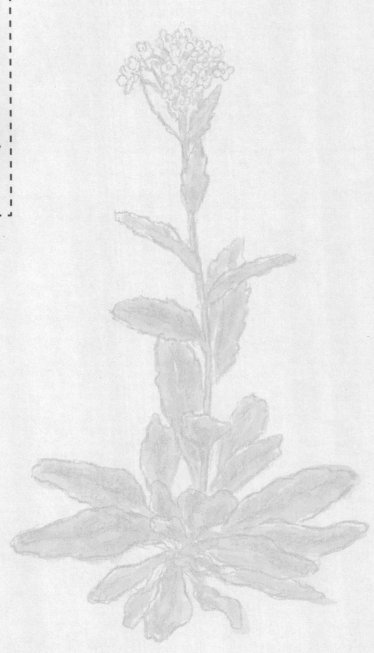

车前草

垂盆草